For Tracy
with best wishes

Eugene

Oct 2021

Πρωτομαγιά στον Μυστρά
A Short Visit in Mistra on May 1

ΕΥΓΕΝΙΟΣ ΛΑΔΟΠΟΥΛΟΣ
EUGENE LADOPOULOS

Πρωτομαγιά στον Μυστρά
A Short Visit in Mistra on May 1

Mistra Estates Flora

Φωτογραφίες Σωκράτης Μαυρομμάτης
Photos Socratis Mavrommatis

Ε. & Θ. Λαδόπουλος Ο. Ε.
Mistra Estates Ladopoulos Inc.

ΠΡΩΤΟΜΑΓΙΑ ΣΤΟΝ ΜΥΣΤΡΑ

Έκδοση της Ε. & Θ. Λαδόπουλος Ο. Ε.
(Mistra Estates Ladopoulos Inc.)

Το βιβλίο αυτό διατίθεται απευθείας από την
Ε. & Θ. Λαδόπουλος Ο. Ε.
Πλήθωνος Γεμιστού 7, 23 100 Μυστράς, Ελλάς
Τηλ./Φαξ: (30) 210 3638 274
eladop@enternet.gr
www.mistraestatesflora.gr

ISBN 978-960-99799-0-0

Κείμενα
Ευγένιος Λαδόπουλος

Φωτογραφίες
Σωκράτης Μαυρομμάτης

Σχεδιασμός
Εργοτέλης Λουκάκης

Εκτύπωση στην Ελλάδα από την
Technograph-Αφοί Πρίφτη Γραφικές Τέχνες Α.Ε.Β.Ε.

A SHORT VISIT IN MISTRA ON MAY 1

Published by Mistra Estates Ladopoulos Inc.

This book is available directly from
Mistra Estates Ladopoulos Inc.
7 Plethonos Gemistou St., 23 100 Mistra, Greece
Phone/Fax: (30) 210 3638274
eladop@enternet.gr
www.mistraestatesflora.gr

ISBN 978-960-99799-0-0

Texts
Eugene Ladopoulos

Photos
Socratis Mavrommatis

Page Design and Layout
Ergotelis Loukakis

Printed in Greece by
Technograph-Priftis Bros Graphic Arts S.A.

Εξώφυλλο: *Verbascum Daenzeri*, Βερμπάσκο
Οπισθόφυλλο: *Vicia Lutea*, Αγριοκούκι
(Φωτο: Σωκράτης Μαυρομμάτης)

Φωτογραφία στη σελίδα 8: Θοδωρής και Ρόκυ
(Φωτο: Όλγα Λαδοπούλου)

Front cover: *Verbascum Daenzeri*, Mullein
Back cover: *Vicia Lutea,* Yellow vetch
(Photo: Socratis Mavrommatis)

Photo page 8: Theodoros and Rocky
(Photo: Olga Ladopoulou)

Στην μνήμη του αγαπημένου μου αδελφού Θεόδωρου (1940-2008)

In loving memory of my brother Theodoros (1940-2008)

Περιεχόμενα - Contents

ΤΑ ΦΥΤΑ - THE PLANTS

Πρόλογος

Την Πρωτομαγιά, οι ελαιώνες στα κτήματα του Μυστρά απέναντι από την βυζαντινή πολιτεία και το κάστρο είναι έτοιμοι να ανθίσουν. Η άνοιξη έρχεται γρήγορα ... Μέσα στους ελαιώνες φυτρώνει μια μεγάλη ποικιλία από δένδρα, αγριολούλουδα και βότανα. Εκεί οι ελιές προσφέρουν τον ευλογημένο καρπό τους παρέα με λουλούδια που ανθίζουν και τις πολυάσχολες πεταλούδες και μέλισσες. Η μόνη επέμβαση του ανθρώπου είναι το κλάδεμα των δένδρων και ένα όργωμα τον χρόνο που μεταμορφώνει σε φυσικό λίπασμα τα λουλούδια και τα βότανα. Το λάδι που παράγεται στο τέλος του χρόνου έχει πάρει κάτι από τα αρώματα και το μαγευτικό αυτό περιβάλλον. Όσοι δουλεύουν στο κτήμα μπορούν να βρούν καταφύγιο και προστασία από τον καιρό σε μιαν αναπαλαιωμένη λότζα (στάνη), "το πανδοχείο της μεθυσμένης μέλισσας". Κτίστηκε τον 19ον αιώνα σύμφωνα με ένα βασικό αρχιτεκτονικό σχέδιο της αρχαιότητος πού ακόμα υπάρχει στην ελληνική ύπαιθρο. Η λότζα περιβάλλεται από ελιές, βελανιδιές, θάμνους και λουλούδια.

Το βιβλίο προσφέρει μια σύντομη οπτική επίσκεψη στούς ελαιώνες και ένα δείγμα από τα λουλούδια που ανθίζουν ανάμεσα στις ελιές την Πρωτομαγιά. Υπάρχουν λουλούδια και όλων των ειδών τα φυτά, κοινά και σπάνια, μεγάλα ή και πολύ μικρά, κάθε ένα με το δικό του άρωμα και συχνά τις φαρμακευτικές του ιδιότητες. Τα αναφέρουν οι αρχαίοι συγγραφείς και οι επιστήμονες σήμερα και τα γνωρίζουν οι αγρότες της περιοχής που χρησιμοποιούν καθημερινά πολλά από αυτά σαν τροφή ή σε άλλη χρήση σύμφωνα με τις ιδιότητες τους. Ο Θεόφραστος, ένας αρχαίος συγγραφέας πού γεννήθηκε το 370 π.Χ. και συνέγραψε περί φυτών ιστορίας, ανέφερε οτι "ή Λακωνική" όπου ευρίσκεται ο Μυστράς, είναι "πολυφάρμακος" (9.15.8).

Ο Σωκράτης Μαυρομμάτης φωτογράφησε μια Πρωτομαγιά τα λουλούδια ... και την μαγεία που τα περιβάλλει.

Preface

I heard the coming of flowery spring
....
mix the honey-sweet wine
as quickly as you can in the mixing bowl.

(Alcaeus fr. 367)

On May 1 the olive groves in Mistra Estates facing the Byzantine town and castle are ready to blossom. Spring is coming quickly. A large variety of trees, wild flowers and herbs grow in the olive groves. In this natural environment, the olive trees produce their blessed fruit in the company of blooming flowers and busy butterflies and bees. The groves are free of human intervention except for the pruning of trees and the annual ploughing of fields, which turns flowers and herbs into natural fertilizer. The olive oil produced at the end of the year captures the aromas and the magic of an enchanted environment. A restored sheepshed ("Dizzy Bee Barn") of the 19th century provides shelter to those working on the farm. It echoes a basic architectural plan of great antiquity that was preserved in the Greek countryside. The sheepshed is surrounded by olive- and oak trees, bushes and flowers.

This book offers a short visual visit to the olive groves and a selection of the flowers blooming among the trees on May 1. There are flowers and plants, common and rare, large and tiny, each one with its distinctive aroma and often medicinal qualities. They are cited by ancient authors and modern scholars and identified by local farmers, who value many of them for their everyday use as food and their other qualities. Theophrastos, an ancient writer born in 370 B.C., author of *Enquiry into Plants*, says that "Laconia", where Mistra lies, "is a land rich in medicinal herbs" (9.15.8).

Socratis Mavrommatis took the photographs on May 1 and captured the magic.

... and its light spreads alike over the salt sea
and the flowery fields;
the dew is shed in beauty,
and roses bloom and tender
chervil and flowery melilot; ...

(Sappho fr. 96)

Ευχαριστίες

Ευχαριστώ θερμά την σύζυγο μου Όλγα για την
αμέριστη συμπαράσταση της,
τον Σωκράτη Μαυρομμάτη για τις υπέροχες
φωτογραφίες του και τον Τέλη Λουκάκη για την
επιμέλεια της εκδόσεως και την σημαντική συμβολή
του στην ολοκλήρωση της.
Η σύζυγος μου και ο Sir John Boardman
εφρόντισαν ώστε τα αγγλικά να είναι σωστά και
τους ευχαριστώ πολύ.
Επίσης ευχαριστώ θερμά τον Διευθυντή της
Αμερικανικής Σχολής Κλασικών Σπουδών
στη Αθήνα, Jack Davis, την Διευθύντρια
της Γενναδείου Βιβλιοθήκης, Μαρία Γεωργοπούλου
και την Σούλα Παναγοπούλου για την
άδεια τους και την βοήθεια τους στην μελέτη
και φωτογράφηση βιβλίων της Βιβλιοθήκης
όπως η Flora Graeca.
Τέλος, ευχαριστώ την Jan Jordan για τις πολύτιμες
συμβουλές της.

Acknowledgements

I am grateful to my wife Olga for her unfailing
support, to Socratis Mavrommatis for his wonderful
photos and to Telis Loukakis for designing the book
and contributing to its completion.
My wife and Sir John Boardman edited the English
text and I thank them for it.
I warmly thank the Director of the American
School of Classical Studies at Athens, Jack Davis, the
Director of the Gennadius Library,
Maria Georgopoulou and Soula Panagopoulou
for permission to photograph and their help with
books in the Library such as Flora Graeca.
Jan Jordan provided invaluable advice.

Συντομογραφίες - Abbreviations

Atchley Atchley, S. C., Turill, W. B., Everett, W. O., *Wild Flowers of Attica*. Oxford 1938.
Köhler Köhler, F. E., *Köhler's Medizinal Pflanzen*. Gera 1807.
Lindman Lindman, C. A. M., *Bilder ur Nordens Flora*. Stockholm 1901-1905.
Scola Scola, G., *Flora Corcyrensis*. London 1865.
Sibth. & Sm. Sibthorp J., Smith E., Bauer F., *Flora Graeca*, Vols. 1-10. London 1806-1840.
Smith & Sowerby Smith & Sowerby, *English Botany, or Coloured Figures of British Plants*. London 1790-1813.
Sturm Sturm J. G., Sturm J., *Deutschlands Flora in Abbildungen nach der Natur mit Beschreibungen*. Nuremberg 1796-1862.
Thomé Thomé O. W., *Flora von Deutschland, Österreich und Schweig*. Gera 1885.

Επιλογές Βιβλιογραφίας - Select Bibliography

Αλιμπέρτης, Α., *Φυτά της Κρήτης*, Ηράκλειο 2006.

Baumann, H., *Greek Wild Flowers and Plant Lore in Ancient Greece*. Translated and augmented by W. T and E. R. Stern (German original edition first published in 1982). London 1993.

Blamey, M. & Grey–Wilson, C., *Wild Flowers of the Mediterranean*. London 2004.

Cainadas, H., Margaris, N., Theodorakakis, M., *Flowers of Attica. A Field Guide*. Athens 1999.

Goulandris, N., Goulimis, C. N. & Stearn, W. T., *Wild Flowers of Greece*. Kifissia 1968.

Goulandris, N., Tan, Kit, Strid, A., *Wild Flowers of Greece* (new edition in English and in Greek). Kifissia 2009.

Harris, S., *The Magnificent Flora Graeca*. London 2007.

Heilmeyer, M., *The Language of Flowers*. Munich 2006.

Παπιομύτογλου, Β., *Αγριολούλουδα της Ελλάδας*. Ρέθυμνο 2006.

Σφήκας, Γ., *Αγριολούλουδα της Ελλάδας*. Αθήνα 2006.

Sfikas, G., *Wild Flowers of Crete*. Athens 1987.

Strid, A., *Wild Flowers of Mount Olympus (Φυτά του Ολύμπου)* (editions in English and in Greek). Kifissia 1980.

Tan, Kit & Iatrou, G., *Endemic Plants of Greece, The Peloponnese*. Copenhagen 2001.

ἦ καλόν ἐστι βαδίζειν,
ὅπου λειμῶνες κομῶσιν,
ὅπου λεπτὸς ἡδυτάτην
ἀναπνεῖ Ζέφυρος αὔρην ...
        (Ἀνακρεόντεια 41)

it's a fine thing to walk
where the meadows are grassy,
where light zephyr
blows the sweetest breeze ...
        (Anakreontia 41)

Λειμῶνες με αγριολούλουδα, ελιές, βελανιδιές
και κυπαρίσσια

Meadows with wild flowers, olive and oak trees
and cypresses

2985 Κι ὅσον ἐγύρεψεν καλὰ τὰ μέρη ἐκεῖνα ὅλα,
2986 ηὗρεν βουνὶ παράξενον, ἀπόκομμα εἰς ὄρος,
2987 ἀπάνω τῆς Λακοδαιμονίας κανένα μίλιν πλέον.
2988 Διατὶ τοῦ ἄρεσεν πολλὰ νὰ ποιήσῃ δυναμάριν,
2989 ὥρισε ἀπέξω στὸ βουνὶ κ’ ἐχτίσαν ἕνα κάστρον,
2990 καὶ Μυζηθρὰν τ’ ὠνόμασεν,
        διατὶ τὸ ἐκράζαν οὕτως·
2991 λαμπρὸν κάστρον τὸ ἔποικεν καὶ μέγα δυναμάριν.

Τὸ Χρονικὸν τοῦ Μωρέος

2985 and when he had looked all over,
2986 he found a striking hill, cut off the ridge
        of a peak,
2987 about a mile above Lacaedemon.
2988 As he was eager to build a fortification,
2989 he ordered a castle to be built on the hill,
2990 and named it Mistra, after a local name;
2991 he made it a splendid castle and a great
        fortification.

The Chronicle of the Morea

Τὸ κάστρο πάνω από τα Κτήματα Μυστρά

The castle overlooking Mistra Estates

Ἀλλ’ ἐγὼ ἐννοήσας ποτὲ ὡς ἡ Σπάρτη
τῶν ὀλιγανθρωποτάτων πόλεων οὖσα δυνατωτάτη
τε καὶ ὀνομαστοτάτη ἐν τῇ Ἑλλάδι ἐφάνη, ἐθαύμασα
ὅτῳ ποτὲ τρόπῳ τοῦτ’ ἐγένετο
                              Ξενοφῶν, *Λακεδαιμονίων πολιτεία*

But when I realized that a city with such a small
population, became so powerful and famous
in Greece, I was surprised to find out how
they achieved this
                              Xenophon, *Respublica Lacedaemoniorum*

Τα Κτήματα Μυστρά με τη Σπάρτη στο βάθος

Mistra Estates overlooking Sparta

παντοδάπαισι μεμειχμένα χροίαισιν
(Σαπφὼ fr. 152)

coloured with all kinds of hues
(Sappho fr.152)

Κορμός ελιάς και καπνιά

Olive-tree trunk and ramping fumitory

... καρπὸς ἐλαίας προκύπτει˙
... θαλέθων ἤνθησε καρπὸς.
(Ανακρεόντεια fr. 46)

... the olive fruit peeps out;
... the crop blossoms and thrives.
(Anakreontia fr. 46)

Ελιά και ανθισμένο σπάρτο.

Olive-tree and blossoming Spanish broom.

Olea europea

Ελιά

Olive-tree

Olea europea
Ελιά
Από *Sibth. & Sm.*
Τόμ. I, σελ. 3, πίν. 3

Olea europea
Olive-tree
After *Sibth. & Sm.*
Vol. I, p. 3, pl. 3

Ηελιά είναι αυτοφυές φυτό της Μεσογείου που από τους προϊστορικούς χρόνους έχει στενά συνδεθεί με την θρησκεία των Ελλήνων και την καθημερινή ζωή.
Ήταν το δώρο της θεάς Αθηνάς στην Αθήνα.
Οι νικητές στους Ολυμπιακούς αγώνες εστέφοντο με ένα κλαδί αγριλιάς, τον "κότινο".
Η ελιά, αειθαλλές πολύκλωνο δένδρο τής οικογενείας *oleaceae*, φθάνει σε ύψος τα 10-25 μέτρα. Τα φύλλα της είναι γκρί-πράσινα με ασημί την μια πλευρά.
Τα λουλούδια της είναι μικρά και ανθίζουν Απρίλιο ή Μάιο, ανάλογα με το κλίμα και την περιοχή· τα δένδρα που φύονται σε περιοχές με ήπιο κλίμα ανθίζουν νωρίτερα.
Στη φωτογραφία ένα ανθισμένο κλαδί κουτσουρολιάς, μιας από τις 10 ποικιλίες ελιάς, κυρίως της βορείου Λακωνίας, που φύονται στα Κτήματα Μυστρά.
Ο Διοσκουρίδης την ονομάζει "ἐλαία ἀγραία", η *Flora Graeca* "ἐλαία".

The olive-tree, a native plant of the Mediterranean region, has been since prehistoric times associated with Greek religion and every-day life.
It was the gift of the goddess Athena to Athens.
Olympic victors were crowned with wild olive leaves.
The olive-tree is an evergreen, much-branched tree of up to 10-25 meters high of the *oleaceae* family.
The leaves are grey-green and silvery beneath.
The small flowers bloom in April/May depending on the climate and region.
The trees that grow in areas of a milder climate blossom earlier than those inland or on the mountains.
The picture shows a branch of "koutsourolia" about to blossom. Koutsourolia, a variety found mainly in Northern Laconia, is one of 10 different varieties growing in Mistra Estates.
Dioscurides names it "ἐλαία ἀγραία", *Flora Graeca* "ἐλαία"(sic).

Rumex bucephalophorus

Λάπαθο

Red dock

Rumex bucephalophorus
Λάπαθο
Από *Sibth. & Sm.*
Τόμ. IV, σελ. 39, πίν. 345

Rumex bucephalophorus
Red dock
After *Sibth. & Sm.*
Vol. IV, p. 39, pl. 345

Μικρό ετήσιο φυτό της οικογενείας *polygonaceae* με πολύ μικρά φύλλα και πρασινωπά άνθη σε ταξιανθίες βότρυ.
Ο καρπός του φύεται σε κοίλους βλαστούς.
Τα φύλλα του είναι βρώσιμα και θα πρέπει να καταναλώνονται σε μικρές ποσότητες διότι περιέχουν πολύ υψηλά επίπεδα οξαλικού οξέως.
Το Εβραϊκό Πανεπιστήμιο της Ιερουσαλήμ αναλύοντας τις ρίζες του φυτού, βρήκε ότι έχουν αντιοξειδωτικές ιδιότητες.
Ο Διοσκουρίδης το ονομάζει "λάπαθον μικρόν", η *Flora Graeca* "ἀτζετόζα".

A low to medium annual, of the dock family *(polygonaceae)* with very small leaves and greenish flowers in racemes.
Fruit on recurved stalks.
The leaves should be eaten in small quantities since they contain quite high levels of oxalid acid.
The roots of the plant were analysed by the Hebrew University of Jerusalem and found to have antioxidant properties.
Dioscurides names it "λάπαθον μικρόν", *Flora Graeca* "ἀτζετόζα" (sic).

Silene integripetala subsp. integripetala

Σιληνή η ακεραιοπέταλη

Catchfly

Παρόμοιο, άνω
Saponaria occymoides
Σαπωνάρια
Από *Scola*
πίν. 22

Similar, above
Saponaria occymoides
Rock soapwort
After *Scola*
pl. 22

Μικρού ή και μεσαίου μεγέθους πολυετές φυτό, της οικογενείας *caryophylaceae,* με μονήρεις βλαστούς και ύψος που φθάνει μέχρι τα 40 εκ.
Τα άνθη του, 10-12 χιλ., έχουν απαλό ροζ χρώμα με το κέντρο τους να τείνει προς το λευκό και σχηματίζουν άναρχα αραιά σύνολα.
Οι στήμονες έχουν χρώμα βιολετί-πορφυρό.
Έχει 5 πέταλα χωρίς εγκοπές και κάλυκα μακρύ και σωληνωτό.
Τα φύλλα του είναι σαρκώδη.
Είναι ενδημικό φυτό που φύεται σε χαλικώδη εδάφη στη νότια Πελοπόννησο.

A short-to-medium erect perennial herb, of the pink family *(caryophyllaceae)* with unbranched stems growing up to 40 cm in height.
The flowers are pale pink, whitish in the centre, 10-12 mm, borne in large lax clusters.
Anthers are lilac-purple.
The five petals are not notched and the calyx is long-tubed.
The leaves are fleshy.
It is an endemic plant which grows in gravelly ground in the Southern Peloponnese.

Petrorhagia (Kohlrauschia) glumacea

Αγριογαρύφαλλο

Kohlrauschia

Δεξιά, παρόμοιο
Dianthus gracilis
Δίανθος
Από *Sibth. & Sm.*
Τόμ. V, σελ. 3, πίν. 404

Right, similar
Dianthus gracilis
Pink
After *Sibth. & Sm.*
Vol. V, p. 3, pl. 404

Μικρού μεγέθους, ετήσιο ή διετές φυτό, ύψους έως 50 εκ. της οικογενείας *caryophyllaceae*.
Έχει 5 ρόδινα ή πορφυρά πέταλα, 12-18 χιλ., συχνά οδοντωτά με κόκκινες φλέβες σε άτριχους βλαστούς.
Τα φύλλα του είναι γραμμοειδή-επιμήκη.
Φύεται σε πλαγιές με βλάστηση αλλά και πετρώδεις.
Η οικογένεια *caryophyllaceae* προέρχεται κυρίως από την περιοχή της Μεσογείου.
Η *petrorhagia glumacea* είναι ένα από τα ενδημικά άνθη της Πελοποννήσου και υπάρχει στην ανατολική πλευρά του Ταϋγέτου όπου είναι και τα Κτήματα Μυστρά.

Short, up to 50 cm, annual or biannual herb, of the pink family *(caryophyllaceae)* with five pink or purple petals, 12-18 mm, usually toothed with red veins and non-hairy stems. Leaves are oblong-linear.
It grows on grassy and rocky slopes.
The pink family *(caryophyllaceae)*, is mostly native in the Mediterranean region.
Petrorhagia glumacea is among the endemic flowers of the Peloponnese, found on the eastern slopes of Mt. Taygetos where Mistra Estates lie.

Ranunculus velutinus

Νεραγκούλα

Buttercup

Πολυετές φυτό με τριχωτό βλαστό μεσαίου μεγέθους, της οικογενείας *ranunculaceae*, που φθάνει σε ύψος τα 80 εκ. Τα άνθη του, 15-25 χιλ., έχουν έντονο κίτρινο χρώμα, με πέντε πέταλα και σέπαλα, στα άκρα λεπτών μίσχων.

Τα φύλλα στην βάση του λουλουδιού, είναι πλατιά, ωοειδή και τρίλοβα και στον βλαστό είναι μικρότερα και επιμήκη. Φύεται σε υγρά εδάφη και στις άκρες αγρών και δρόμων μετά τις πρώτες ανοιξιάτικες βροχές. Η οικογένεια *ranunculaceae* έχει παρα πολλά είδη και ο *ranunculus velutinus* είναι ένα από αυτά που φύονται στα Κτήματα Μυστρά. Ο Διοσκουρίδης ονομάζει τον *ranunculus muricatus* "βατράχιον τρίτον", η *Flora Graeca* "σπουρδοκοκύλα".

A medium to tall perennial hairy plant of the buttercup family *(ranunculaceae)*, up to 80 cm in height. Flowers are bright yellow, 15-25 mm, borne on slender stalks with 5 sepals and petals. Basal leaves are broadly oval with 3-lobed divisions; stem leaves are smaller and linear. It grows in damp meadows and waysides following early spring rain. The buttercup family has very many species and *ranunculus velutinus* is one of the few growing in Mistra Estates. Dioscurides names *ranunculus muricatus* "βατράχιον τρίτον", *Flora Graeca* "σπουρδοκοκύλα" (sic).

Papaver rhoeas

Παπαρούνα

Red (common) poppy

Papaver rhoeas
Παπαρούνα
Από *Köhler*
σελ. XV

Papaver rhoeas
Red poppy
After *Köhler*
p. XV

Ετήσιο φυτό, με ύψος 25-90 εκ. περίπου, της οικογενείας *papaveraceae*, με σκούρα πράσινα πτεροσχιδή φύλλα.

Το άνθος έχει τέσσερα πέταλα και κόκκινο χρώμα ή έντονο κόκκινο, συχνά με μια μαύρη κηλίδα στο μέσον.

Έχει τριχωτούς βλαστούς και σχεδόν στρογγυλό καρπό.

Είναι ένα πολύ ευαίσθητο άνθος που τα φύλλα του πέφτουν μόλις κοπεί και η παρουσία του στους αγρούς υποδηλώνει την μη χρήση μοντέρνων μεθόδων καλλιεργιών καθώς και φυτοφαρμάκων.

Τα αποξηραμένα άνθη της παπαρούνας, λόγω των ιδιοτήτων τους, έχουν χρησιμοποιηθεί σαν ελαφρύ καταπραϋντικό γιά τον βήχα.

Ο Θεόφραστος (9.11.9) αναφέρεται στις θεραπευτικές ιδιότητες του φυτού και το ονομάζει "μήκων ή μέλαινα", η *Flora Graeca* την ονομάζει "παπαρούνα".

A medium to tall 25-90 cm annual plant, of the poppy family *(papaveraceae)*, with leaves deep green, 1-2 pinnate.

The flower is scarlet or red with four petals, and often a black blotch in the middle.

The flower stocks are hairy and the fruit-capsule almost round.

A very delicate flower that sheds its petals as soon as it is cut.

Its presence denotes the lack of modern farming methods and pesticides.

The dried flowers of the red poppy were used as a medicine to relieve cough since they are slightly sedative.

Theophrastos (9.11.9) refers at length to its medicinal properties.

He calls it "μήκων ή μέλαινα" (dark poppy).

Flora Graeca names it "παπαρούνα" (sic).

Papaver agremone

Παπαρούνα η αγρεμώνη

Prickly poppy

Ετήσιο φυτό μικρού μεγέθους, με βλαστούς τριχωτούς, πράσινα πτεροσχιδή φύλλα, με ύψος 20-50 εκ., της οικογενείας *papaveraceae*. Τα άνθη του, με τέσσερα πέταλα, έχουν χρώμα κοκκινωπό ή ανοικτό κόκκινο, ενίοτε με μαύρο στο κέντρο και φθάνουν σε μήκος τα 35-45 χιλ. Έχει σκούρους μπλέ στήμονες και μια ελλειψοειδή κάψα. Το σιρόπι που βγαίνει από τα πέταλά του χρησιμοποιείται σαν εφιδρωτικό. Ο Διοσκουρίδης την ονομάζει "ἀγρεμώνη".

A short to medium, 20-50 cm, hairy annual plant, of the poppy family (*papaveraceae*) with leaves green, 1-2 pinnate. The flowers are pale scarlet or reddish, 35-45 mm, with four petals, occasionally with a dark centre. It has dark-blue anthers and an oblong capsule. An infusion of syrup made from the petals is used as a sudorific (sweating out). Dioscurides names it "ἀγρεμώνη".

Δεξιά, παρόμοιο
Papaver pilosum
Παπαρούνα
Από *Sibth. & Sm.*
Τόμ.V, σελ. 96, πίν. 493

Right, similar
Papaver pilosum
Poppy
After *Sibth. & Sm.*
Vol. V, p. 96, pl. 493

Fumaria
Fumaria capreolata

Καπνιά
Καπνόχορτο

(White) ramping fumitory

Ετήσιο αναρριχώμενο φυτό, ποικίλου μεγέθους, με λεπτούς μίσχους, της οικογενείας *fumariaceae*, ενίοτε συμπεριλαμβανόμενο στην οικογένεια *papaveraceae*. Έχει άνθη λευκά ή ρόδινα, μήκους 10-12 χιλ., σκούρα μπλέ στα άκρα, που φύονται σαν στάχεις 10-12 μαζί. Έχει ανοικτοπράσινα, δίλοβα και τρίλοβα επίπεδα φύλλα και μακριά σέπαλα που καλύπτουν το 1/3 του άνθους. Ο καρπός του είναι σχεδόν σφαιρικός με διάμετρο 2,5 χιλ. περίπου. Το φυτό είναι η αγαπημένη τροφή των τρυγονιών. Ο Διοσκουρίδης το ονομάζει "καπνός", η *Flora Graeca* "καπνόχορτο, στάκτερι".

A short to tall annual climbing slender plant, from the fumitory family *(fumariaceae)*, sometimes included in the *papaveracea* family. It has creamy or pinkish flowers 10-12 mm long with bluish-dark tips in spikes and pale green flat bilobe and trilobe leaves. There are 10-20 flowers on every spike. It has long sepals that cover one-third of the flower and an almost spherical fruit of 2.5 mm diameter. The plant is favoured as a special treat by turtle-doves. Dioscurides names it "καπνός", *Flora Graeca* "καπνόχορτο, στάκτερι" (sic).

Sinapis alba

Αγριοσινάπι
Βρούβα

White mustard

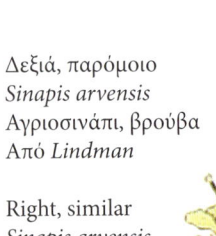

Δεξιά, παρόμοιο
Sinapis arvensis
Αγριοσινάπι, βρούβα
Από *Lindman*

Right, similar
Sinapis arvensis
Charlock
After *Lindman*

Ετήσιο φυτό της οικογενείας *cruciferae*, ενίοτε άτριχο με ύψος μέχρι 80 εκ.
Έχει άνθη σταυροειδή με τέσσερα πέταλα, μήκους 16-24 χιλ. και ανοικτό κίτρινο χρώμα.
Τα πέταλά του έχουν μήκος 8-12 χιλ. και φύονται σε σχήμα βότρυ στα άκρα των μίσχων.
Τα φύλλα του είναι έμμισχα σε σχήμα λύρας.
Οι τρυφεροί του μίσχοι τρώγονται σαν σαλάτα.
Ο καρπός του (κεράτιο) έχει μήκος 2-4 εκ. με πλατύ ξιφοειδές ράμφος.
Οι σπόροι του θρυματιζόμενοι σε σκόνη χρησιμοποιούνται στην παρασκευή της λευκής μουστάρδας.

An annual plant, of the cress family *(cruciferae)*, occasionally hairless, up to 80 cm tall.
It has pale yellow, four-petal, cross-shaped flowers, 16-24 mm long.
The petals are 8-12 mm long and the flowers are borne in long racemes at the tip of the stems.
The leaves are stalked in the shape of a lyre.
When stems are still tender, they are eaten as a salad.
Pods are up to 40 mm long with flattened sword-like beak.
The seeds can be ground to powder and are the source of white mustard.

Rosa sempervirens

Άγριο τριαντάφυλλο

Wild rose

Rosa sempervirens
Άγριο τριαντάφυλλο
Από *Sibth. & Sm.*
Τόμ.V, σελ. 67, πίν. 483

Rosa sempervirens
Wild rose
After *Sibth. & Sm.*
Vol. V, p. 67, pl. 483

*... βρόδοισι δέ παῖς
ὁ χῶρος ἐσκίαστ᾽,
αἰθυσσομένων δὲ φύλλων
κῶμα κατέρρει ...*
(Σαπφὼ fr. 2)

*... and the whole place
is shadowed by roses,
and from the shimmering leaves
the sleep of enchantment
comes down ...*
(Sappho fr. 2)

Αειθαλής έρπων θάμνος της οικογενείας *rosaceae* που φθάνει σε μήκος τα 5 μέτρα.Τα άνθη του είναι λευκά, έχουν διάμετρο 2,2-4 εκ. και πέντε πέταλα που φύονται σε κορύμβους ανά 3-7.
Έχει φύλλα με 5-7 φυλλάρια, λογχοειδή, πριονωτά, με υφή δέρματος, άτριχα και λαμπερά.
Ο καρπός του σφαιρικός, με διάμετρο 10 χιλ., είναι λαμπρός κόκκινος όταν ωριμάσει.
Ο Διοσκουρίδης (1.94) και ο Θεόφραστος (3.18.4) το ονομάζουν "κυνόσβατον", η *Flora Graeca* "ἄγριο τριαντάφυλλο".
Το ύμνησαν οι ποιητές από την αρχαιότητα μέχρι σήμερα όσο κανένα άλλο άνθος.

Evergreen trailling shrub of the rose family *(rosaceae)*, growing up to 5 meters.
The flowers are white, of 2.2-4 cm diameter and with five petals, borne in clusters of 3-7.
Leaves have 5-7 leaflets, lanceolate, sharply toothed, leatherly, hairless and shiny.
The fruit is globose 10 mm in diameter, shiny red when ripe.
Dioscurides (1.94) and Theophrastos (3.18.4) name it "κυνόσβατος", *Flora Graeca* "ἄγριο τριαντάφυλλο"(sic).
It has been sung by poets from antiquity to the present more than any other flower.

Spartium junceum

Σπάρτο

Spanish broom

Μεγάλος αειθαλής πολυετής θάμνος της οικογενείας *leguminosae* που συχνά φθάνει σε ύψος τα 3 μέτρα.
Έχει μεγάλα, λαμπερά κίτρινα αρωματικά άνθη, 20-25 χιλ., μονήρη και πολλά μαζί στις άκρες των μίσχων.
Είναι φυλλοβόλος με μικρά επιμήκη και σχετικώς λίγα φύλλα.
Αντέχει στην ξηρασία, και φύεται σε πτωχά κυρίως εδάφη διότι έχει την ικανότητα να λαμβάνει το άζωτο από την ατμόσφαιρα.
Τα άνθη του περιέχουν ένα πτητικό έλαιο και εκπέμπουν ένα δυνατό και "γλυκό" άρωμα.
Από τα άνθη του επίσης λαμβάνουμε ένα κίτρινο χρώμα ενώ οι ίνες του εχρησιμοποιούντο στην Νότια Ευρώπη για ύφανση.
Είναι ένα από τα αγαπημένα φυτά των μελισσών.
Ο Θεόφραστος (1.5.2) το ονομάζει "λινόσπαρτον" και παρατηρεί ότι ο φλοιός του αποτελείται από αλλεπάλληλες στρώσεις.
Ο Διοσκουρίδης το ονομάζει "σπάρτιον", η *Flora Graeca* "σπάρτο".

A large, evergreen, perennial shrub, of the pea family *(leguminosae)* that can usually grow up to 3 meters in height.
It has large, bright yellow scented flowers, 20-25 mm long, solitary but in large numbers in flowering clusters at the end of the stems. The linear and oblong leaves are small, sparse and deciduous. The plant is drought resistant and can grow on soil poor in nutriments since it can bind nitrogen from the air.
Its flowers contain a volatile oil and exude a strong, sweet aroma. They yield a yellow dye.
It was used as fiber for weaving in Southern Europe.
It is favoured by the bees.
Theophrastos (1.5.2) calls it "λινόσπαρτον" and notes that its bark has many layers.
Dioscurides names it "σπάρτιον", *Flora Graeca* "σπάρτο" (sic).

Vicia cracca

Αγριόβικος
Μάης

Bird vetch
Tufted vetch

Vicia cracca
Αγριόβικος
Από *Lindman*

Vicia cracca
Bird vetch
After *Lindman*

Μεσαίου μεγέθους ετήσιο φυτό της οικογενείας *leguminosae* που φθάνει σε ύψος τα δύο μέτρα.

Τα άνθη του βιολέ-πορφυρά, έχουν το σχήμα βοστρύχων που πέφτουν σαν καταρράκτες, και κοντά στον Αύγουστο σχηματίζουν μικρούς σπόρους σαν μικρό αρακά.

Ο αγριόβικος λόγω της αζωτούχου ιδιότητός του είναι ωφέλιμος για το έδαφος, χρησιμεύει επίσης και σαν τροφή των βοοειδών.

Γονιμοποιείται από τις μέλισσες και οι σπόροι του δίνουν τροφή στα πουλιά.

Έχει σημαντική συνεισφορά στην βιοποικιλότητα του περιβάλλοντος μαζί με άλλα φυτά της ίδιας οικογενείας.

A medium-to-tall annual plant of the pea family *(leguminosae)* growing up to 2 meters in height.

The flowers are purple to violet, growing in cascading racemes, and close to August they form tiny seeds resembling a small pea. Bird vetch is beneficial to the soil because of its nitrogen properties and can be used as feedstock for cattle.

It is pollinated by bees because of its nectar and attracts birds that are fed from its seeds.

It contributes substantially to the biodiversity of the environment alongside other naturally grown plants of the pea family.

Vicia bithynica   Βίκος   Bithynian vetch

Μικρού μεγέθους, ετήσιο αναρριχητικό φυτό, της οικογενείας *leguminosae*, που φθάνει σε ύψος έως και τα 60 εκ.

Το άνθος του, μήκους 16-30 χιλ., έχει στεφάνη με πορφυρό πέτασο και λευκές πτέρυγες.

Τα φύλλα του είναι μικρά, λεπτά και στενά και φύονται ανά δύο ή τρία, σε ζεύγη.

Η βάση των φύλλων έχει οδοντωτά βράκτια.

Ο βίκος και άλλα φυτά της ιδίας οικογενείας, είναι πολύ χρήσιμα στον φυσικό εμπλουτισμό του χώματος με άζωτο.

A small-to-medium hairy ascending or climbing annual herb, of the pea family *(leguminosae)*, growing up to 60 cm.

It has a 16-30 mm two-coloured corolla with purple standard and white wings.

Leaves are pinnate with 2-3 pairs of long and narrow leaflets.

The bracts at the leaf base have several sharply pointed teeth.

Vetches are very useful for the natural enrichment of the soil with nitrogen.

Vicia bithynica
Βίκος
Από *Smith & Sowerby*

Vicia bithynica
Bithynian vetch
After *Smith & Sowerby*

Trifolium stellatum

Τριφύλλι το αστερωτό

Star clover

Trifolium stellatum
Τριφύλλι το αστερωτό
Από *Sibth. & Sm.*
Τόμ. VIII, σελ. 36, πίν. 750

Trifolium stellatum
Star clover
After *Sibth. & Sm.*
Vol. VIII, p. 36, pl. 750

Μικρού μεγέθους χνουδωτό όρθιο ετήσιο φυτό της οικογενείας *leguminosae*.
Τα άνθη του είναι λευκορόδινα και ενίοτε πορφυρά ή κίτρινα, μήκους 8-12 χιλ., που σχηματίζουν μονήρεις κεφαλές επάνω σε μίσχο.
Ο κάλυκάς του έχει λεπτούς λοβούς, συχνά κοκκινωπούς, που εκτείνονται σε σχήμα άστρου.
Τα φύλλα του αποτελούνται από τρία φυλλάρια.

A low-to-short hairy erect annual plant of the pea family *(leguminoeae)*.
Flowers are pink, occasionally purple or yellow, 8-12 mm long in solitary stalked heads.
Calyx with thin spreading often reddish lobes, forming a star.
It has trifoliate leaves.

Euphorbia rigida

Γαλαξίδα
Φλόμος

Narrow-leaved glaucous spourge
Silver spurge

Άνω, παρόμοιο
Euphorbia myrsinites
Φλόμος
Από *Sibth. & Sm.*
Τόμ. V, σελ. 55, πίν. 471

Above, similar
Euphorbia myrsinites
Broad-leaved glaucous spurge
After *Sibth. & Sm.*
Vol. V, p. 55, pl. 471

Μικρού μεγέθους πολυετής αειθαλής θάμνος της οικογενείας *euphorbiacae* που φθάνει σε ύψος τα 90 εκ.
Τα κλαδιά του είναι όρθια και τα φύλλα του ακιδωτά, λογχοειδή και σαρκώδη με χρώμα γλαυκο-πράσινο, ενίοτε δε με μια κόκκινη πινελιά.
Έχει σκιάδια μεγάλα με 6-8 ακτίνες και στρογγυλές κεφαλές που γίνονται κόκκινες όταν ωριμάσουν.
Οταν κοπούν τα κλαδιά του εκκρίουν ένα γαλακτώδες υγρό που είναι ερεθιστικό για το δέρμα και πολύ βλαπτικό για τα μάτια.
Πρόσφατα ερευνώνται τυχόν αντικαρκινικές του ιδιότητες.
Ο φλόμος έχει μεγάλη αντοχή στην ξηρασία.
Ο Θεόφραστος αναφέρει επτά είδη αυτού του φυτού αλλά σήμερα έχουν ταυτιστεί περίπου 1600 είδη σε όλη τη γη.
Ο Διοσκουρίδης το ονομάζει "τιθύμαλος χαρακίας", η *Flora Graeca* "γαλαξίδα, φλόμος".

A perennial short evergreen shrub of the spurge family *(euphorbiacae)* of up to 90 cm in height.
It has erect stems and lanceolate thick and fleshy narrow-pointed glaucous green leaves, occasionally with a flash of red.
The umbels have 6-12 rays with large rounded heads.
The heads turn reddish at their maturing stage.
The branches, when cut, exude a milky sap that can be irritating to the skin and very harmful to the eyes.
Recently it has been widely researched for possible antineoplastic properties.
The narrow-leaved glaucous spurge is drought-tolerant.
Theophrastos refers to seven different types of euphorbias but some 1600 different types are now recognized all over the world.
Dioscurides names it "τιθύμαλος χαρακίας", *Flora Graeca* "γαλαξίδα, φλόμος" (sic).

Malva sylvestris Μολόχα Common mallow

Πολύμορφο διετές ή πολυετές φυτό της οικογενείας *malvaceae* με παλαμόλοβα οδοντωτά φύλλα, που φθάνει το 1,5 μέτρο. Τα άνθη του, με πέντε πέταλα, έχουν μήκος 15-30 χιλ., είναι ρόδινα ή πορφυρά με σκουρόχρωμες φλέβες και δίλοβα στο άνω μέρος. Φυτό γνωστό στην αρχαιότητα για τις γαστρονομικές και φαρμακευτικές του ιδιότητες. Ο Θεόφραστος (7.7.2.) περιγράφει την μολόχα (μαλάχη) και αναφέρεται στην χρήση της στην μαγειρική. Ο Διοσκουρίδης την ονομάζει "μαλάχη χερσαία", η *Flora Graeca* "ἀμπελόχα". Ο Θεόφραστος επίσης αναφέρεται εκτενώς στις φαρμακευτικές ιδιότητες της *althea officinalis* (ἀλθαία ἀγρία, 9.15.5), μιας ποικιλίας της οικογενείας *malvacea*. Οι θεραπευτικές ιδιότητες του φυτού σε δηλητηριασμένα τσιμπίματα αναφέρονται και από τον Διοσκουρίδη (3.263).

A very variable biannual or perennial plant of the mallow family *(malvaceae)* up to 1.5 metre in height. It has kidney-shaped leaves with toothed lobes and flowers with 5 petals 15-30 mm long, pink or purple with darker coloured veins. Petals are bilobed at the tip. It was known and appreciated in antiquity for its culinary and medicinal qualities. Theophrastos (7.7.2.) refers to the culinary use of *malva sylvestris (malache)*, recommending it for cooking. Dioscurides names it "μαλάχη χερσαία», *Flora Graeca* "ἀμπελόχα" (sic). Theophrastos also refers to the medicinal properties of *althea officinalis* (ἀλθαία ἀγρία, 9.15.5) a variety of the mallow family. Dioscurides (3.263) refers at length to the medicinal properties of *althea officinalis* as a remedy for poisonous bites.

Hypericum perforatum

Βάλσαμον
Σπαθόχορτο

Perforate
St. John's wort

Hypericum perforatum
Βάλσαμον
Από *Smith & Sowerby*

Hypericum perforatum
Perforate St. John's wort
After *Smith & Sowerby*

Πολυετής πολύμορφος θάμνος της οικογενείας *hypericaceae* που συχνά φθάνει σε ύψος τα 50 εκ.
Έχει όρθια κλαδιά και φύλλα επιμήκη και ωοειδή, κατάστικτα με διαφανείς κουκκίδες.
Τα άνθη του είναι κίτρινα σε πλατιές δέσμες, με πέταλα που έχουν αρκετά μαύρα στίγματα με στενά και κοντά φύλλα κάλυκος.
Το βάλσαμο εχρησιμοποιήτο από την αρχαιότητα για φαρμακευτικούς σκοπούς, σε αλοιφή για πληγές και καψίματα και σαν ηρεμιστικό.
Σήμερα, οι ηρεμιστικές του ιδιότητες είναι ευρέως παραδεδεγμένες, ειδικά στην ομοιοπαθητική.
Ο Διοσκουρίδης το ονομάζει «ἄσκυρον», η *Flora Graeca* «βάλσαμον».

A perennial, very variable shrub, often up to 50 cm, of the hypericum family *(hypericaceae)*, with erect branches and linear to oval opposite leaves with translucent dots.
Its flowers, 18-22 mm, are yellow and in broad panicles; the petals have few or more dark dots and narrow shorter sepals.
Hypericum perforatum has been used since ancient times to treat various medical conditions, as a balm for wounds and burns and as a sedative.
Today its mild anti-depression properties are widely acknowledged, especially in homeopathy.
Dioscurides names it «ἄσκυρον», *Flora Graeca* «βάλσαμον»(sic).

Cistus incanus subsp. Creticus

Λάδανον
Λαδανιά

Cretan gum cistus

Cistus incanus subs. Creticus
Λάδανον
Από *Sibth. & Sm.*
Τόμ. V, σελ. 77, πίν. 495

Cistus incanus subs. Creticus
Cretan gum cistus
After *Sibth. & Sm.*
Vol. V, p. 77, pl. 495

Πολυετής αειθαλής θάμνος με απλωτά κλαδιά και ύψος μέχρι το ένα μέτρο, της οικογενείας *cistaceae*. Έχει φύλλα επίπεδα, μέχρι 5 εκ., πρασινογκρί, ωοειδή και ελλειπτικά.
Τα άνθη του έχουν μήκος 4-6 εκ., είναι πορφυρά-ρόδινα, με πέταλα που έχουν τραχειά επιφάνεια και πέντε φύλλα κάλυκος.
Από τα φύλλα του βγαίνει μια αρωματική ρητίνη, το λάδανο, που χρησιμοποιήθηκε για την παρασκευή του μύρρου.
Ο Θεόφραστος (6.2.1) το αναφέρει σαν "ἄρρενα κίσθον" λόγω του πορφυρού του χρώματος, της τραχειάς του επιφάνειας και του μεγαλύτερου μεγέθους του άνθους του.
Ο Ηρόδοτος αναφέρεται εκτενώς στις αρωματικές και φαρμακευτικές του ιδιότητες.
Ο Διοσκουρίδης το ονομάζει "λάδανον", η *Flora Graeca* "λάδανω".

A spreading evergreen perrenial shrub of the rock-rose family *(cistaceae),* up to one meter in height.
The leaves are flat, oval to elliptical up to 5 cm long, green to greyish.
Flowers purplish-pink, 4-6 cm long, with five sepals and rough surface.
An aromatic gum, ladanum, is extracted from its leaves and has been used as a source of myrrh.
Theophrastos (6.2.1) calls it the "male" rock-rose on account of its purplish colour, rough surface and larger size.
Herodotos discusses at length its aromatic and medical properties.
Dioscurides names it "λάδανον", *Flora Graeca* "λάδανω"(sic).

Cistus salvifolius

Cistus salvifolius
Ροδολαδανιά
Από *Sibth. & Sm.*
Τόμ. V, σελ. 78, πίν. 497

Cistus salvifolius
Sage-lived cistus
After *Sibth. & Sm.*
Vol. V, p. 78, pl. 497

Ροδολαδανιά

... καὶ πολυανθέμοις ἀρούραις˙
ἀ δ᾽ ἐέρσα κάλα κέχυται ...
(Σαπφὼ fr. 96)

Πολυετής αειθαλής θάμνος με απλωτά κλαδιά, ύψους μέχρι και ενός μέτρου, της οικογενείας *cistaceae*. Ομοιάζει με τον *cistus incanus* αλλά έχει μικρότερα άνθη, 3-5 εκ., λευκά, μονήρη ή κατά ομάδες με ένα ζωηρό κίτρινο χρώμα στο μέσον του άνθους και πέντε φύλλα κάλυκος.
Έχει φύλλα σκούρα πράσινα, ωοειδή ελλειπτικά, μήκους 1-4 εκ., τραχειά με ίνες και στις δύο επιφάνειες.
Φυτρώνει σε άγονο έδαφος, συχνά δίπλα στον *cistus incanus*. Τα άνθη του ελκύουν πολύ τις μέλισσες και ο Θεόφραστος (6.2.1) το αναφέρει σαν "θῆλυ κίσθον" λόγω μικροτέρου μεγέθους, χρώματος και απαλοτέρας υφής σε σχέση με τον "ἄρρενα κίσθον" και αμφότερα τα συγκρίνει με το άγριο ρόδο. Ο Διοσκουρίδης το ονομάζει "κίσθος θῆλυς", η *Flora Graeca* "ἀγριοφασκομηλιά, κουνουκλιά".

Sage-leaved cistus

... and the flowery fields;
the dew is shed in beauty ...
(Sappho fr. 96)

A speading evergreen perennial shrub of up to one meter in height of the rock-rose family *(cistaceae)*.
Similar to *cistus incanus* but with smaller white flowers, 3-5 cm, solitary or in groups with a striking yellow centre and five sepals.
The leaves are oval to elliptical, 1-4 cm long, deep green, rough and hairy on both surfaces.
It can grow in arid soil, often side by side with *cistus incanus*. The flowers are very attractive to bees.
Theophrastos (6.2.1) refers to it as the "female" rock-rose because of its smaller size, colour and softer texture and compares both of them to wild roses.
Dioscurides names it "κίσθος θῆλυς", *Flora Graeca* "ἀγριοφασκομηλιά, κουνουκλιά" (sic).

Malabaila aurea

Δαῦκον

Malabaila

Heracleum aureum (Malabaila aurea)
Δαῦκον
Από *Sibth. & Sm.*
Τόμ. III, σελ. 75, πίν. 282

Heracleum aureum (Malabaila aurea)
Malabaila
After *Sibth. & Sm.*
Vol. III, p. 75, pl. 282

Ετήσιο ή διετές φυτό της οικογενείας *(umbellferae)* με όρθιο κούφιο βλαστό ύψους μέχρι 60 εκ.
Έχει πολύ λίγους κλώνους και λοβοειδή φύλλα.
Στο κάτω μέρος του είναι πλατύτερα και στο άνω λεπτότερα με οδοντωτές άκρες.
Οι κεφαλές των ανθέων του, σε σχήμα ομπρέλλας, έχουν 3-9 ακτίνες με χρυσοκίτρινα άνθη χωρίς βράκτια.
Ο καρπός του έχει διάμετρο περίπου ένα εκ., είναι επίπεδος με εξογκωμένες άκρες.
Κατεγράφη από τον Sibthrop το 1787 ως *"Heracleum aureum"* και παρουσιάστηκε στην *Flora Graeca* (Tabula 282).
Αργότερα μετονομάσθη σε *"Malabaila aurea"*
Ο Θεόφραστος το ονομάζει "δαῦκον" (9.15.8, 9.20.2) και "θερμαντικὸν φύσει".

An annual or biannual plant of the carrot family (umbelliferae), erect, up to 60 cm in height.
It is sparingly branched with hollow stem and pinnate leaves.
The lower leaves have broader segments, the upper ones have narrower segments with serrated edges.
The umbels have 3-9 rays with golden yellow flowers and no bracts.
The fruit , about one cm in diameter, is flattened with thickened margins.
It was collected by Sibthrop in 1787, who named it *"Heracleum aureum"* described it and illustrated in *Flora Graeca* (Tabula 282).
It was later renamed *"Malabaila aurea"*.
Theophrastos calls it "δαῦκον" (9.15.8, 9.20.2), and "by nature warming".

Tordylium apulum

Καυκαλίθρα
Μοσχολάχανο

Hartwort
White lace

Todylium apulum
Καυκαλίθρα

Tordylium apulum
Hartwort

Ετήσιο αρωματικό φυτό της οικογενείας *umbelliferae* που φθάνει σε ύψος τα 50 εκ. Ο μίσχος του είναι όρθιος, πολύτριχος στη βάση του, με λευκά άνθη στο σκιάδιο που έχουν 3-8 ακτίνες.
Τα άνθη του φθάνουν σε μήκος τα 9 χιλ. και έχουν εξωτερικά δισχιδή πέταλα, τέσσερα μικρότερα και ένα μεγαλύτερο. Τα κάτω φύλλα είναι ωοειδή και οδοντωτά ενώ τα άνω στρογγυλεμένα.
Ο καρπός έχει μήκος 5-8 χιλ. με κομπαράκια στην περιφέρεια.
Συνήθως φύεται σε ανοικτούς ηλιόλουστους χώρους ανάμεσα σε άλλα άνθη.
Οι βλαστοί του φυτού, ωμοί ή βρασμένοι, γίνονται σαλάτα, ενώ στη Ιταλία γίνονται και γλυκό.
Η *Flora Graeca* την ονομάζει "καυκαλίδα".

Hartwort is a short-to-medium annual aromatic plant of the carrot family *(umbelliferae),* up to 50 cm in height.
The stems are erect and densely haired at base, and the umbels white with 3-8 rays.
The outer flowers have one larger and four smaller two-lobed petals up to 9 mm long.
Lower leaves have oval toothed lobes, the upper ones un-toothed.
The fruit is 5-8 mm long with a thick beaded margin.
It usually grows in open sunny areas and among other flowers.
This is an edible plant that when young can be added to salads boiled or raw.
The Italians use it as a condiment.
Flora Graeca calls it "καυκαλίδα" (sic).

Tordylium officinale

Καυκαλίθρα

Small hartwort

Tordylium officinale
Καυκαλίδα
Από *Sibth. & Sm.*
Τόμ. III, σελ. 60-61, πίν. 267

Tordylium officinale
Small hartwort
After *Sibth. & Sm.*
Vol. III, pp. 60-61, pl. 267

Ετήσιο φυτό της οικογενείας *umbelliferae* που φθάνει τα 50 εκ. ύψος.
Οι μίσχοι του είναι όρθιοι με λευκά άνθη στα σκιάδια, που έχουν το καθένα 8-14 ακτίνες.
Τα άνθη του έχουν μεγάλα ανισομεγέθη εξωτερικά δισχιδή πέταλα.
Ο καρπός έχει μήκος 2-3 χιλ. και κοντές ίνες στην περιφέρεια.
Ο Θεόφραστος (9.15.15) το ονομάζει "σέσελι" και εξαίρει τις φαρμακευτικές του ιδιότητες. Αναφέρει ότι:
"Τῶν δὲ περὶ τὴν Ἑλλάδα τόπων φαρμακωδέστατον τό τε Πήλιον τὸ ἐν Θετταλίᾳ καὶ τὸ Τελέθριον τὸ ἐν Εὐβοίᾳ καὶ ὁ Παρνασσός, ἔτι δὲ καὶ ἡ Ἀρκαδία καὶ ἡ Λακωνική˙ καὶ γὰρ αὗται φαρμακώδεις ἀμφότεραι˙ δι᾽ ὃ καὶ οἵ γε Ἀρκάδες εἰώθασιν ἀντὶ τοῦ φαρμακοποτεῖν γαλακτοποτεῖν περὶ τὸ ἔαρ, ὅταν οἱ ὀποὶ μάλιστα τῶν τοιούτων φύλλων ἀκμάζωσι˙ τότε γὰρ φαρμακωδέστατον τὸ γάλα ..."(9.15.4).
Ο Διοσκουρίδης το ονομάζει "τορδύλιον", η *Flora Graeca* "καυκαλίδα".

A short-to-medium annual plant of the carrot family *(umbelliferae),* up to 50 cm in height.
The stems are erect and the umbels white with 8-14 rays. Flowers radiate with large unequally two-lobbed outer petals.
The fruit is 2-3 mm long with short hairs at the margin.
Theophrastos (9.15.5) has noted its medical properties referring to it as "σέσελι".
He says that "in Greece most productive of drugs are Pelion in Thessaly, Telethrion in Euboea, Parnassus and also Arcadia and Laconia, for both these areas produce medicinal herbs" and remarks that "in the spring the Arcadians drink the milk of grazing animals that are fed by medicinal plants instead of taking medicine ..." (9.15.4).
Dioscurides calls it "τορδύλιον", *Flora Graeca* "καυκαλίδα"(sic).

Anagallis arvensis

Αναγαλλίς

Scarlet pimpernel

Anagallis arvensis
Αναγαλλίς
Από *Scola*
πίν. 75

Anagallis arvensis
Scarlet pimpernel
After *Scola*
pl. 75

Μονοετές ή διετές φυτό της οικογενείας *primolaceae*, ύψους 10-30 εκ. Έχει πολλούς επικλινείς και ανερχόμενους μίσχους και μικρά σκούρα πράσινα φύλλα, ωοειδή και επιμήκη.
Έχει μονήρη άνθη, 4-7 χιλ., με πέντε βαθυκόκκινα πέταλα, ενίοτε οδοντωτά.
Το άνθος μένει ανοικτό κάτω από το άμεσο φώς του ηλίου.
Στην αγγλική φιλολογία η βαθυκόκκινη αναγαλλίδα, "scarlet pimpernel", ήταν το οικόσημο ενός μυθιστορηματικού ήρωα, Εγγλέζου αριστοκράτη, στο ομώνυμο κλασικό περιπετειώδες μυθιστόρημα της βαρώνης Orczy, κατά την διάρκεια της Τρομοκρατίας μετά την Γαλλική Επανάσταση του 1789.
Η *Flora Graeca* την ονομάζει "περδικούλι".

A low annual or biannual plant of the primrose family *(primolaceae)*, 10-30 cm in height. It has numerous prostate or ascending stems and small oval to elongated opposite dark green leaves.
Flowers 4-7 mm with five scarlet petals occasionally slightly toothed, solitary.
The flower remains open only under direct sunlight.
In English literature the "scarlet pimpernel" was the crest of a fictional hero, an English aristoctrat, in the classic adventure novel by Baroness Orczy, set during the Reign of Terror following the French Revolution of 1789.
Flora Graeca names it "περδικούλι" (sic).

Anagallis arvensis subsp. foemina (A. caerulea)

Μπλε αναγαλλίδα

Blue pimpernel

*Anagallis arvensis
subsp. foemina*
Μπλε αναγαλλίδα
Από *Scola*
πίν. 74

*Anagallis arvensis
subsp. foemina*
Blue pimpernel
After *Scola*
pl. 74

Μονοετές ή διετές φυτό της οικογενείας *primulaceae,* ύψους 10-20 εκ. Έχει πολλούς επικλίνοντες και ανερχόμενους μίσχους και μικρά σκούρα πράσινα φύλλα ωοειδή προς επιμήκη.
Έχει άνθη μονήρη μήκους 4-7 χιλ., με πέντε μπλε πέταλα , πιο λεπτά από την βαθυκόκκινη αναγαλλίδα, ενίοτε οδοντωτά και με πιό λεπτά φύλλα.
Το άνθος μένει ανοικτό κάτω από το άμεσο φως του ηλίου.
Το χρώμα της μπλε αναγαλλίδος μοιάζει πολύ με το περίφημο "αιγυπτιακό μπλέ", το πρώτο χρώμα που έγινε από ορυκτά υλικά στην αρχαία Αίγυπτο.
Ίσως είναι σύμπτωση αλλά η μπλέ αναγαλλίδα φύεται σήμερα στην Αίγυπτο.
Η *Flora Graeca* την ονομάζει "περδικούλι".

A low annual or biannual plant of the primrose family *(primulaceae),* 10-20 cm in height. It has numerous prostate or ascending stems and small oval to elongated opposite dark green leaves.
Flowers 4-7 mm with five blue petals narrower than the scarlet pimpernel, occasionally also slightly toothed and narrower upper leaves, solitary.
The flower remains open only under direct sunlight.
The colour of the blue pimpernel looks very much like the famous "Egyptian blue", the first artificial colour made of minerals in ancient Egypt.
Whether or not by coincidence blue pimpernel now grows in Egypt.
Flora Graeca calls it "περδικούλι" (sic).

Convolvulus althaeoeides subsp. tenuissimus

Άγριο περιπλοκάδι

Mallow-leaved bindweed

*Convolvulus althaeoeides
subsp. tenuissimus*
Άγριο περιπλοκάδι
Από *Sibth. & Sm.*
Τόμ. II, σελ. 78, πίν. 194

*Convolvulus althaeoeides
subsp. tenuissimus*
Malow-leaved bindweed
After *Sibth. & Sm.*
Vol. II, p. 78, pl. 194

Πολυετές έρπον ή αναρριχώμενο φυτό, της οικογενείας *convolvulaceae*, με μήκος έως ένα μέτρο. Έχει άνθη ρόδινα, πιό ανοιχτόχρωμα στο κέντρο, 3-5 εκ., μονήρη ή κατά ζεύγη, σε σχήμα ανοικτής χοάνης. Ανθίζει τον Μάιο ή τον Ιούνιο, πιό αργά από τα άλλα λουλούδια και τα ποικιλόσχημα φύλλα του καλύπτονται με ασημόχροες ίνες. Ο Θεόφραστος αναφέρει τα εξής δύο είδη *convolvulus*: την ἰασιώνη (1.13.2) και την σκαμμωνία(4.5.1, 9.1.3, 9.1.4, 9.9.1, 9.20.5), στην ρίζα αλλά και στον χυμό της οποίας αποδίδει φαρμακευτικές ιδιότητες. Η *Flora Graeca* το ονομάζει "περιπλοκάδι".

A hairy trailing or stem-climbing perennial plant of the bindweed family *(convolvulaceae)* that reaches up to one meter. Flowers pink, 30-50 mm, with a light-coloured centre, wide, funnel-shaped, often solitary or in pairs. It blooms later than most flowers, in May or June and its very variable leaves are covered by silvery hair. Theophrastos refers to two *convolvulus* varieties, "ἰασιώνη" (1.15.2) and "σκαμμωνία" (4.5.1, 9.1.3, 9.1.4, 9.9.1, 9.20.5) and attributes medicinal properties to their juice and roots. *Flora Graeca* calls it "περιπλοκάδι" (sic).

Stachys spinulosa   Στάχυς

Woundwort
"Heal-all"

Άνω, παρόμοιο
Stachys cretica
Στάχυς ο κρητικός
Από *Sibth. & Sm.*
Τόμ. VI, σελ. 47-48, πίν. 558

Above, similar
Stachys cretica
Mediterranean woundwort
After *Sibth. & Sm.*
Vol. VI, pp. 47-48, pl. 558

Ετήσιο φυτό της οικογενείας *labiatae* με όρθιο βλαστό ύψους μέχρι 60 εκ.
Έχει λευκά άνθη, 4-6 μαζί, που σχηματίζουν κύκλους, με δίχειλη στεφάνη και σκούρες κόκκινες γραμμές και στίγματα.
Τα φύλλα του είναι λογχοειδή και φύονται κατά ζεύγη σε αντίθετη φορά στο κάτω μέρος του βλαστού.
Το γένος *stachys* αποτελείται από περίπου 300 είδη που προέρχονται όλα από την Ευρώπη και ευδοκιμούν σε υγρό έδαφος.
Στα Κτήματα του Μυστρά συναντάται την άνοιξη, στο σχετικά πιο υγρό τμήμα του ελαιώνα.
Ο στάχυς ήταν πολύ γνωστός από την αρχαιότητα για τις θεραπευτικές του ιδιότητες.
Στην αγγλική γλώσσα το όνομά του προέρχεται από την ιδιότητά του να γιατρεύει τις πληγές.
Το φυτό θεωρείται ότι έχει αντιβακτηριακές, αντιπυρετικές, αντισηπτικές, αντισπασμωδικές και άλλες ιδιότητες.
Ο Διοσκουρίδης το ονομάζει "σιδηρίτης".

An annual plant of the mint family *(labiatae)* with an erect stem up to 60 cm in height.
Flowers in 4-6 whorls white, with a two-lipped corolla with dark red lines and spots.
Leaves are lanceolate and grow in opposite pairs on the lower part of the stem.
The *stachys* genus of about 300 species originates in Europe and thrives in damp soil.
In Mistra Estates it is found in the dampest part of the grove in the spring.
Stachys has been renowned from antiquity for its medicinal properties whence its popular name "heal-all".
The name "woundwort" also derives from its old use to treat wounds.
The entire plant has reportedly antibacterial, antipyretic, antiseptic, antispasmodic, etc, properties.
Dioscurides calls it "σιδηρίτης".

Verbascum speciosum subsp. megalophlomos

Βερμπάσκο
Φλόμος

Showy mullein

Δεξιά, παρόμοιο
Verbascum phlomoeides
Βερμπάσκο
Από *Sibth. & Sm.*
Τόμ. III, σελ. 18-19, πίν. 224

Right, similar
Verbascum phlomoeides
Orange mullein
After *Sibth. & Sm.*
Vol. III, pp. 18-19, pl. 224

Διετές φυτό,της οικογενείας *scrophulariaceae,* που φθάνει σε ύψος 1,20 μέτρα. Τα άνθη του, 2,5-5,5 εκ., έχουν έντονο κίτρινο-πορτοκαλί χρώμα και φύονται σαν πυκνές βαμβακώδεις ταξιανθίες βότρυ. Το εξωτερικό της στεφάνης είναι τριχωτό. Τα φύλλα στην βάση του φυτού είναι επιμήκη, με πιο λεπτά αυτά στον μίσχο. Η φωτογραφία δείχνει ένα μίσχο του φυτού.

A medium-to-tall woolly biannual plant of the figwort *(scrophulariaceae)* family, growing up to 1.2 meters. Flowers bright orange-yellow, 2.5-5.5 cm, borne in dense woolly racemes. The corolla is hairy outside. The basal leaves are oblong and those on the stem narower. The picture shows a single branch.

Parentucellia viscosa

Παρεντουκελλία η ιξώδης

Yellow bartsia

Δεξιά, παρόμοιο
Bartsia trixago
Αγριόλυκος, σταρόλυκος
Από *Sibth. & Sm.*
Τόμ. IV, σελ. 68-69, πίν. 585

Right, similar
Bartsia trixago
Bellardia
After *Sibth. & Sm.*
Vol. IV, pp. 68-69, pl. 585

Ετήσιο ημιπαρασιτικό φυτό με όρθιο βλαστό μεσαίου μεγέθους, ύψους μέχρι 50 εκ., της οικογενείας *scrophulariaceae*. Έχει φύλλα οδοντωτά, λογχοειδή και αντικριστά.
Τα άνθη του, μήκους 15-24 χιλ., είναι κίτρινα και σπανίως λευκά σε επίμηκες στάχυ.
Ο κάλυκας έχει 4 λοβούς και η στεφάνη έχει ένα τρίλοβο κάτω χείλος και ένα πιό μακρύ άνω με κουκούλα.
Το φυτό καλύπτεται από κοντές κολλώδεις ίνες.
Φύεται σε υγρά εδάφη και σε ελαιώνες, κοντά σε περιοχές που ποτίζονται από φυσικές πηγές.

A short-to-medium annual semi-parasitic plant of the figwort family *(scrophulariaceae)* with erect stems up to 50 cm in height.
The leaves are opposed lanceolate and toothed.
The flowers, yellow, rarely white, are 15-24 mm long, borne in spikes.
The calyx is four-lobed and the corolla has a three-lobed lower lip and a longer hooded upper one.
The plant is covered in short sticky hairs.
It grows in damp ground and in olive groves close to watered areas of natural springs.

Orobanche alba

Λύκος

Thyme broomrape

Δεξιά, παρόμοιο
Orobanche major
Λύκος
Από *Lindman*

Right, similar
Orobanche major
Great broomrape
After *Lindman*

Παρασιτικό πολυετές φυτό μικρού μεγέθους της οικογένειας *orobanchaceae* με χονδρούς βλαστούς χωρίς κλαδιά που φθάνουν σε ύψος τα 3,5 εκ.

Τα άνθη του είνα υπόλευκα, κιτρινίζοντα ή κοκκινωπά, μήκους 15-25 χιλ., σε πυκνή ταξιανθία.

Έχει τετράλοβο κάλυκα και δίχειλη στεφάνη.

Είναι παρασιτικό φυτό για το θυμάρι και άλλα συγγενή φυτά *(labiatae)*.

Απορροφά θρεπτικά συστατικά από τις ρίζες τους, καθώς δεν έχει φύλλα και χλωροφύλλη που βοηθά τα φυτά να απορροφούν ενέργεια από το φως

Οι γεωργοί που καλλιεργούν ζωοτροφές (ψυχανθή) το φοβούνται και το αποκαλούν "λύκο", όμως η παρουσία του, έστω και σε περιορισμένη κλίμακα, δείχνει την βιοποικιλότητα του περιβάλλοντος.

A parasitic short perennial plant of the broomrape family *(orobanchaceae)* with unbranched thick stems up to 3.5 cm in height.

Flowers whitish, yellowish or purplish red, 15-25 mm long, borne on a dense spike.

It has a 4-lobed calyx and a 2-lipped corolla.

Parasitic on thymes and other *labiatae,* it drains nutrients from their roots, since it lacks leaves and chlorophyle, that allows plants to absorb energy from light.

This plant is disliked by the farmers who cultivate fodder for their animals (they call it "wolf"), but its presence, even on a limited scale, shows the diversity of the environment.

Knautia integrifolia

Κουφολάχανο

Whole-leaved scabious

Άνω, παρόμοιο
Knautia arvensis
Κουφολάχανο
Από *Lindman*

Above, similar
Knautia arvensis
Field scabious
After *Lindman*

Ετήσιο φυτό ποικίλου μεγέθους, μέχρι 80 εκ. σε ύψος, της οικογενείας *dipsacaceae*.
Έχει μακρείς, λεπτούς βλαστούς και μονήρη μπλε-βιολέ άνθη σε κεφαλή με διάμετρο 25-35 χιλ.
Τα άνω φύλλα είναι επιμήκη και τα βράκτια πιό κοντά από τα άνθη.
Τα κάτω φύλλα είναι οδοντωτά ή σε σχήμα λύρας και σχηματίζουν ένα ρόδακα.
Τα εξωτερικά ανθίδια της κεφαλής είναι μεγαλύτερα από τα εσωτερικά.
Γονιμοποιείται από τις μέλισσες και ανθίζει μέχρι αργά την άνοιξη και τις αρχές του καλοκαιριού.
Η *Flora Graeca* ονομάζει την *Knautia arvensis* "κουφολάχανο".

A short-to-medium variable annual, up to 80 cm in height, of the teasel family (*dipsacaceae*).
It has slight and long stalked flower heads bluish-violet to lilac, 25-35 mm long, solitary, with upper leaves linear, lanceolate.
The lower leaves form a rosete and are dentate or lyrate.
The bracts are shorter than the flower.
The outer florets of the heads are larger than the inner ones.
It is pollinated by bees and blossoms well into spring and early summer.
Flora Graeca calls *Knautia arvensis* "κουφολάχανο" (sic).

Scabiosa columbaria

Κουφολάχανο

Small scabious

Ένα μικρού ή μεσαίου μεγέθους ανθεκτικό πολυετές φυτό μέχρι 60 εκ. σε ύψος, της οικογενείας *dipsacaceae*.
Έχει μακρείς, λεπτούς βλαστούς και μονήρη άνθη σε κεφαλή σε χρώμα ανοικτό γαλάζιο ή πορφυρούν στις κορυφές των βλαστών.
Τα φύλλα του ευρίσκονται κυρίως στην βάση του φυτού.
Η στεφάνη του έχει ανθίδια με πέντε ανίσου μεγέθους λοβούς.
Τα εξωτερικά ανθίδια της κεφαλής είναι μεγαλύτερα από τα εσωτερικά.
Γονιμοποιείται από τις μέλισσες και φύεται σε μη καλλιεργημένους λειμώνες και σε βραχώδη εδάφη.

A small-to-medium hardy perennial plant of up to 60 cm in height of the teasel family *(dipsacaceae)*.
It has long-stalked flower heads, pale lilac-light blue.
Leaves are concentrated at the lower part of the plant.
The corolla has five unequal lobes, with the outer florets larger than the inner ones.
It is pollinated by bees.
The plant grows in uncultivated grass lands and on rocky slopes.

Scabiosa columbaria
Κουφολάχανο
Από *Sturm*

Scabiosa columbaria
Small scabious
After *Sturm*

Campanula spat(h)ulata

Καμπανούλα

Bellflower

Campanula spat(h)ulata
Καμπανούλα
Από *Sibth. & Sm.*
Τόμ. III, σελ. 2-3, πίν. 203.

Campanula spat(h)ulata
Bellflowler
After *Sibth. & Sm.*
Vol. III, pp. 2-3, pl. 203.

Πολυετές τριχωτό φυτό μετρίου ύψους, μέχρι 50 εκ., της οικογενείας *campanulaceae*. Έχει άνθη μπλε-βιολέ μήκους 18-23 χιλ., χοανοειδή, συχνά κατά μόνας σε λεπτό μίσχο με απλωτά πέταλα.
Τα δόντια του κάλυκα επίσης απλώνονται και ξεχωρίζουν μέσα από τα πέταλα.
Τα φύλλα του είναι επιμήκη ή λογχοειδή, με αυτά στο άνω μέρος πιό λεπτά και αιχμηρά στα άκρα. Φύεται συχνά μέσα σε ελαιώνες, σε βουνά και λόφους.

A short-to-medium perennial hairy plant of the bellflower family *(campanulaceae)*, up to 50 cm in height.
Flowers violet-blue, funnel-shaped, 18-23 mm long with broad spreading lobes, often solitary at the end of a thin stem. The calyx teeth also spread, showing between the lobes. Leaves oblong to lanceolate with the upper ones more linear and pointed.
It often grows in olive groves in the hills and mountains.

Campanula drabifolia

Καμπανούλα η δραβόφιλη

Creeping bellflower

Campanula drabifolia
Καμπανούλα η δραβόφιλη
Από *Sibth. & Sm.*
Τόμ. III, σελ. 11-12, πίν. 215

Campanula drabifolia
Creeping bellflower
After *Sibth. & Sm.*
Vol. III, pp. 11-12, pl. 215

Μονοετές, λεπτοφυές, τριχωτό φυτό, χαμηλού ύψους, της οικογενείας *campanulaceae*.
Έχει άνθη χρώματος ανοικτού μπλέ, με κοντό μίσχο μήκους 7-16 χιλ. σε αντίθετη διάταξη, με στενή κωδωνοειδή στεφάνη και κάλυκα σε μισό μέγεθος από αυτό του λουλουδιού.
Τα φύλλα του είναι μικρά, εναλλασσόμενα ή σε αντίθετη διάταξη, επιμήκη ή ωοειδή με κοντό μίσχο.
Το φυτό αυτό έχει πολλά είδη και υποείδη.

A low, delicate, annual hairy plant of the bellflower family *(campanulaceae)*.
The flowers are pale blue, short-stalked, 7-16 mm long, opposed with a bell-shaped, narrow violet corolla and a calyx half the size of the flower.
The leaves are small, alternate or opposite, oblong to oval, unstalked.
A very variable species with several subspecies.

Matricaria Chamomila
(Chamomila recutica)

Matricaria chamomila
Χαμομήλι
Από *Köhler*

Matricaria chamomila
Scented mayweed
After *Köhler*

Χαμομήλι

Μικρού ή μεσαίου μεγέθους ετήσιο αρωματικό φυτό της οικογενείας *compositae* που φθάνει σε ύψος τα 10-30 εκ. Έχει φύλλα εναλλασσόμενα, πτερόλοβα, που καταλήγουν σε ακίδα.

Τα άνθη του, με διάμετρο 10-25 χιλ., έχουν λευκά ακτινωτά πέταλα και στο κέντρο ένα κίτρινο κωνικό δίσκο. Καλλιεργείται ως φαρμακευτικό φυτό.

Το χαμομήλι χρησιμοποιείται σαν καταπραϋντικό και ελαφρό ηρεμιστικό φάρμακο.

Οι φαρμακευτικές του ιδιότητες είναι πολύ γνωστές από την αρχαιότητα μέχρι σήμερα.

Ο Θεόφραστος (7.8.3) παρετήρησε ότι το άγριο χαμομήλι "ἄνθεμον τὸ ἀφύλλανθες" έχει φύλλα στην βάση του και άνθη χωρίς σέπαλα.

Ο Διοσκουρίδης το ονομάζει "χαμομήλα".

Scented mayweed
Wild camomile

A short-to-medium hairless annual aromatic plant of the daisy family *(compositae)*, 10-30 cm in height.
Leaves alternate, 2-3 pinnately-divided with pointed ends.
Flower heads 10-25 mm in diameter with white rays and a yellow conical disk.
Cultivated as a medicinal plant.
Camomile has been used as a nervine, anodyne, calmative and mild sedative.
Its medicinal properties have been well known since ancient times.
Theophrastos (7.8.3) notes that wild camomile, "ἄνθεμον τὸ ἀφύλλανθες", has ground leaves and flowers with no sepals.
Dioscurides names it "χαμομήλα".

Chrysanthemum segetum

Αγριομαργαρίτα
Κουκουβαγιά

Gold chrysanthemum

Chrysanthemum segetum
Αγριομαργαρίτα
Από *Lindman*

Chrysanthemum segetum
Gold chrysanthemum
After *Lindman*

Ετήσιο, γκριζωπό φυτό της οικογενείας *compositae*. Φθάνει σε ύψος τα 80 εκ. και έχει όρθιους βλαστούς με εναλλασσόμενα επιμήκη και οδοντωτά φύλλα.
Ο δίσκος και τα ακτινωτά του ανθίδια είναι κίτρινα, με κεφαλή που μοιάζει με της μαργαρίτας και με διάμετρο 35-55 χιλ.
Η παρουσία του υποδηλώνει εδάφη ελεύθερα από χημικά.
Τα νέα βλαστάρια του θεωρούνται πολύ αρωματικά και τρώγονται.
Στην Κίνα και την Ιαπωνία καλλιεργείται σαν λαχανικό.
Η κατανάλωσή του χρειάζεται προσοχή, διότι περιέχει αλκαλοειδή που παράγουν κουμαρίνη, ένα τοξικό συστατικό που όμως έχει αντιθρομβωτικές, αντικαρκινικές και αντιμυκητικές ιδιότητες.
Φύεται στην Μεσόγειο και το Αιγαίο, στο οποίο θεωρείται ότι πρωτοεμφανίστηκε.
Τώρα καλλιεργείται παντού.
Ο Διοσκουρίδης το ονομάζει "βούφθαλμον", η *Flora Graeca* "κουκουβαγιά".

A greyish annual plant of the daisy family *(compositae)* of up to 80 cm in height.
Stems are erect and leaves are alternate oblong and toothed.
Both disc and ray florets are yellow with daisy-like flower heads, 35-55 mm long.
Its presence indicates land free of any sort of chemicals.
The young shoots are edible and strongly aromatic and it is cultivated as a vegetable in China and Japan.
However, caution should be exercised since it contains vascuolar alkaloids that produce coumarin, a toxic that has blood-thinning, antifungal and anti-tumour properties.
It reportedly originated in the Aegean, and the Mediterranean area is its natural habitat, but it is now widely cultivated around the world.
Dioscurides names it "βούφθαλμον", *Flora Graeca* "κουκουβαγιά" (sic).

Carduus pycnocephalus

Γαϊδουράγκαθο

Slender (Italian) thistle

Άνω, παρόμοιο
Carduus nutans
Αγριαγκινάρα
Από *Lindman*

Above, similar
Carduus nutans
Musk thistle
After *Lindman*

Φυτό που ποικίλει σε μέγεθος, από μέτριο προς ψηλό, με βλαστούς όρθιους, που ανήκει στην οικογένεια *compositae*.
Η κεφαλή του άνθους του είναι επιμήκης προς κυλινδρική, 15-20 χιλ., με ροζ-πορφυρά ανθίδια σε συστάδες των δύο ή τριών μαζί.
Τα φύλλα του με λοβούς σαν του φοίνικα, καταλήγουν σε αγκάθια.
Τα βράκτια στα άνθη είναι ελαφρώς κυρτά, πλατύτερα στη βάση και αγκαθωτά στις άκρες.

A very variable, medium-to-tall flowering plant with erect stems of the daisy family *(compositae)*.
Flower heads are oblong-to-cylindrical, 15-20 mm, with rosy-purple florets borne in clusters of 2-3.
Leaves have 2-3 pairs of palm-like lobes with spines at the tip.
Flower bracts are slightly curved, widened at the base, with spines at the end.

98

Tragopogon porrifolius

Τραγοπώγων
Λαγόχορτο
Γλυκορίζι

Salsify
Goat's beard

Tragopogon porrifolius
Τραγοπώγων
Από *Atchley*
Πίν. IX

Tragopogon porrifolius
Salsify
After *Atchley*
Pl. IX

Μεσαίο προς ψηλό, μέχρι 1,20 μ., διετές φυτό της οικογενείας *compositae*.
Η κεφαλή του άνθους με διάμετρο 25-48 χιλ., έχει πορφυρά ανθίδια και οκτώ ισομεγέθη ή λίγο μακρύτερα βράκτια που συνήθως ανοίγουν λίγες ώρες κάθε πρωί.
Τα φύλλα του είναι πεπλατυσμένα γραμμοειδή.
Ο Θεόφραστος (7.7.1) και ο Διοσκουρίδης αναφέρονται επί μακρόν σε αυτόν ως "τραγοπώγωνα" ή "κόμη" λόγω του σχήματος που παίρνουν οι σπόροι του πριν τους φυσήξει μακριά ο άνεμος.
Οι βολβοί του, που εκτιμώντο σαν τροφή από τους αρχαίους, έχουν γλυκιά γεύση, τα δε φρέσκα φύλλα του, ωμά ή βρασμένα, προστίθενται στις σαλάτες.
Οι φαρμακευτικές του ιδιότητες είναι γνωστές και δρουν ευεργετικά στο σηκώτι και τη χολή.

A medium-to-tall biannual plant of the daisy family *(compositae)*, up to 120 cm in height.
Flower heads, 25-48 mm in diameter, have purple florets and 8 equal or slightly longer bracts that usually open for a few hours in the morning.
Leaves are broad linear.
The edible roots of this plant were much appreciated by the ancients and both Theophrastos (7.7.1) and Dioscurides refer at length to it as "τραγοπώγων"(goat's beard) or "κόμη" (hair) on account of the formation of its seeds before they are blown away by the wind.
The local farmers appreciate the sweetness of its roots, said to taste like oysters, which can be cooked.
The young shots can be added to the salad, raw or cooked.
Its medicinal properties are widely known and include a beneficial impact upon the liver and gall-bladder.

Sonchus asper

Αγριοζοχός

Prickly sow-thistle

Σonchus asper
Αγριοζοχός
Από *Sturm*

Sonchus asper
Prickly sow-thistle
After *Sturm*

Ετήσιο γκριζωπό φυτό της οικογένειας *compositae*, που ενίοτε φθάνει σε ύψος τα 1,80 μ., με χρυσοκίτρινες κεφαλές ανθέων διαμέτρου 20-30 χιλ. περίπου.
Φύεται συχνά σε ελαιώνες αλλά και στις άκρες των δρόμων.
Τα φύλλα του είναι κυανοπράσινα, ελλειψοειδή προς λογχοειδή, με μαλακά αγκαθωτά άκρα.
Τα νεαρά φύλλα του θεωρούνται έδεσμα και τρώγονται ωμά ή μαγειρεμένα.
Είναι πλούσια σε σίδηρο και βιταμίνη Α.
Ο Θεόφραστος (6.4.8) αναφέρει τον "σόγκο" *(sonchus nymani)*, ένα είδος ζοχού συνώνυμου του *sonchus asper*, που οι ρίζες του είναι σαρκώδεις και τρώγονται.

A short-to-tall greyish annual plant of the daisy family *(compositae)*, up to 180 cm high, though often less, with golden-yellow flowerhead, 20-30 mm in diameter.
It frequently appears in olive groves and road sides.
Leaves are bluish-green, eliptical to lanceolate with soft spiny margins.
The young leaves are considered a delicacy and are eaten cooked or raw.
They are rich in bitamine A and iron.
Theophrastos (6.4.8) says that the roots of the plant "σόγκος" are fleshy and edible.
He actually refers to a similar plant, *sonchus nymani*.

Sonchus oleraceus

Ζοχός

Smooth sow-thistle

Sonchus oleraceus
Ζοχός
Από *Lindman*

Sonchus oleraceus
Smooth sow-thistle
After *Lindman*

Γκριζωπό ετήσιο φυτό της οικογενείας *compositae,* παρόμοιο με τον *sonchus asper* αλλά με φύλλα που αγκαλιάζουν τον βλαστό.
Έχει κεφαλές ανθέων σε λαμπρό κίτρινο χρώμα που έχουν διάμετρο 20-25 χιλ.
Τα καινούργια φύλλα και οι ρίζες του θεωρούνται έδεσμα και τρώγονται ωμά ή μαγειρεμένα.
Είναι φυτό φαρμακευτικό.

A greyish annual plant of the daisy family *(compositae),* similar to *sonchus asper* but with leaves deeply lobed clasping the stem.
It has bright yellow composite flower heads, 20-25 mm in diameter.
The young leaves and roots are considered a delicacy and can be eaten raw or cooked.

Muscari comosum

Βολβός
Αγριοκρεμμύδι

*Οἴαν τὰν ὑάκινθον
ἐν ὤρεσι ποίμενες ἄνδρες
πόσσι καταστείβοισι,
χάμαι δέ τε πόρφυρον ἄνθος …*
(Σαπφώ fr. 105)

Λεπτοφυές και πολυετές βολβώδες φυτό, της οικογενείας *liliaceae*, ύψους μέχρι 50 εκ., με 3-6 γραμμοειδή φύλλα μήκους έως και 20 χιλ. Τα κάτω άνθη του είναι καφετιά με κρέμ οδοντωτό χείλος και τα άνω της κορυφής κυανο-ιώδη σε ταξιανθία βότρυ με ελαφρό άρωμα μόσχου.
Στην Ελλάδα οι βολβοί του πωλούνται στις λαϊκές αγορές με το ίδιο όνομα όπως και στην αρχαιότητα: "βολβός". Μαγειρεύονται και διατηρούνται σε λάδι και ξύδι, θεωρούνται δε εκλεκτό έδεσμα από τα αρχαία χρόνια μέχρι τις μέρες μας. Φύονται σε μεγάλες αποικίες στούς ελαιώνες του Μυστρά. Ο Θεόφραστος αναφέρεται εκτενώς στο φυτό αυτό και στην διατροφική του αξία (1.6.7-9). Ο Διοσκουρίδης το ονομάζει "βολβὸς ἐδώδιμος", η *Flora Graeca* "βολβό".

Tassel hyacinth

*Like the hyacinth
which shepherds tread
underfoot in the mountains
and on the ground the purple flower …*
(Sappho fr. 105)

A perennial slender bulbous plant of the lily family *(liliaceae)*, often up to 50 cm in height.
Leaves, 3-6, are linear up to 20 mm long.
The flowers are brownish with cream teeth, the top ones usually blue or violet in lax racemes with a light musky scent.
The bulbs are sold in the open markets in Greece still using its ancient name "βολβός".
They are cooked and preserved in oil and vinegar and considered a highly prized dish from ancient times to the present.
The tassel hyacinth grows in large colonies in Mistra Estates olive groves.
Theophrastos describes at length this plant and its culinary use (1.6.7-9).
Dioscurides names it "βολβὸς ἐδώδιμος", *Flora Graeca* "βολβό" (sic).

Muscari comosum
Βολβός
Από *Sturm*

Muscari comosum
Tassel hyacinth
After *Sturm*

Allium neapolitanum (lacteum)

Άγριο σκόρδο

Naples garlic

Alium lacteum
Άγριο σκόρδο
Από *Sibthorp*
Τόμ. IV, σελ. 21-22, πίν. 325

Alium lacteum
Naples garlic
After *Sibthorp*
Vol. IV, pp. 21-22, pl. 325

Βολβώδες ετήσιο μικρό φυτό με βλαστό που φθάνει τα 50 εκ., της οικογενείας *lilaceae*.
Έχει μικρά λευκά άνθη 15-20 χιλ. σε σκιάδιο, διαμέτρου 5-9 εκ., 2-3 φύλλα και κιτρινωπούς στήμονες.
Χρησιμοποιείται ευρύτατα στην μαγειρική.
Ο βολβός του τρώγεται ωμός ή μαγειρεμένος και έχει το άρωμα του σκόρδου.
Τα άνθη του μπορούν να καταναλωθούν ωμά και τα φύλλα του ωμά ή μαγειρεμένα. Βοηθά στην πέψη και μπορεί να μειώσει το επίπεδο της χοληστερίνης λόγω της περιεκτικότητός του σε ενώσεις του θείου.
Το φυτό θεωρείται ότι απωθεί έντομα και αρουραίους.
Η παρουσία του στα Κτήματα Μυστρά προσθέτει από το άρωμά του στον καρπό της ελιάς, μαζί με την άγρια μέντα, την ρίγανη και τα άλλα βότανα και άνθη που φύονται ανάμεσα στα δέντρα και στις άκρες των αγρών.

A bulbous perennial small plant, with a stem up to 50 cm, of the lily family *(lilaceae)*.
It has umbels of a 5-9 cm diameter, with small white flowers 15-20 mm, 2-3 leaves and yellowish anthers.
It has wide culinary uses.
The bulb can be eaten raw or cooked and has a garlic flavour. Flowers can be eaten raw and leaves both raw and cooked, having also a mild garlic flavour.
Their medicinal use is good for the digestive system and may lower cholesterol levels due to their sulphur compounds.
The plant reportedly repels insects and moles.
It adds a hint of garlic to the Mistra Estates olive oil alongside mint, oregano and the other herbs and flowers growing amidst the trees and at the borders of the fields.